防灾应急避险科普系列

家庭应急避险手册

《家庭应急避险手册》编写组 编

U0376418

中国城市出版社

图书在版编目（CIP）数据

家庭应急避险手册/《家庭应急避险手册》编写组
编 . —北京：中国城市出版社，2023.4
（防灾应急避险科普系列）
ISBN 978-7-5074-3597-9

Ⅰ.①家… Ⅱ.①家… Ⅲ.①家庭安全—手册 Ⅳ.
①X956-62

中国国家版本馆 CIP 数据核字（2023）第 068270 号

责任编辑：毕凤鸣 刘瑞霞
责任校对：董 楠

防灾应急避险科普系列

家庭应急避险手册

《家庭应急避险手册》编写组 编

*

中国城市出版社出版、发行（北京海淀三里河路 9 号）
各地新华书店、建筑书店经销
华之逸品书装设计制版
天津图文方嘉印刷有限公司印刷

*

开本：880 毫米×1230 毫米 1/32 印张：2¾ 字数：56 千字
2023 年 4 月第一版 2023 年 4 月第一次印刷
定价：**30.00** 元
ISBN 978-7-5074-3597-9
（904624）

序
Preface

　　我国是世界上自然灾害最为严重的国家之一，灾害种类多，分布地域广，发生频率高，造成损失重，这是一个基本国情。特别是随着全球极端气候变化和我国城镇化进程加快，自然灾害风险加大，灾害损失加剧。我国发展进入战略机遇和风险挑战并存、不确定和难预料因素增多的时期，各种"黑天鹅""灰犀牛"事件随时可能发生。可以说，未来将处于复杂严峻的自然灾害频发、超大城市群崛起和社会经济快速发展共存的局面。同时，各类事故隐患和安全风险交织叠加、易发多发，影响公共安全的因素日益增多。

　　"人民至上、生命至上"是习近平新时代中国特色社会主义思想的重要内涵，也是做好防灾减灾工作的根本出发点。我们必须以习近平新时代中国特色社会主义思想为指导，坚定不移地贯彻总体国家安全观，健全国家安全体系，提高公共安全治理水平，坚持安全第一、预防为主，建立大安全大应急框架，完善公共安全体系，推动公共安全治理模式向事前预防转型。

　　要防范灾害风险，护航高质量发展，以新安全格局保障新发展格局，牢固树立风险意识和底线思维，增强全民灾害风险防范意识和素养。教育引导公众树立"以防为主"的理念，学习防灾减灾知识，提升防灾减灾意识和应急避险、自救互救技能，做到主动防灾、科学避灾、充分备灾、有效减灾，用知识守护我们的生命，筑牢防灾减灾救灾的人民防线。这不仅是建立健全我国应急管理体系的需要，也是对自己和家人生命安全负责的一种具体体现。

综上所述，我们在参考相关政策性文件、科研机构、领域专家和政府部门已发布的宣教材料的基础上，借鉴各地应急管理工作实践智慧和国际经验，充分考虑不同读者的特点，分别针对社区、家庭、学校等读者对象应对地震灾害、地质灾害、气象灾害、火灾等，各有侧重编写了相关的防灾减灾、应急避险、自救互救知识。可以说，本次推出的"防灾应急避险科普系列"（6册）之《社区应急指导手册》《家庭应急避险手册》《校园应急避险手册》《地震避险手册》《洪涝避险手册》《火灾避险手册》是为不同年龄、不同职业、不同地域的读者量身打造的防灾减灾科普读物，具有很强的科学性、针对性和实用性，旨在引导公众树立防范灾害风险的意识，了解灾害的基本状况、特点和一般规律，掌握科学的防灾避险及自救互救常识和基本方法，提高应对灾害的能力，筑牢高质量发展和安全发展的基础。

2023年4月

前言
Foreword

　　家庭是社会的细胞，是我们生活和精神的港湾。多次灾害事故表明，无论是地震、台风、洪水、泥石流、火灾等自然灾害，还是因用火、用电、用气不慎发生的意外灾害事故，都对家庭造成严重伤害，使财产毁于一旦，更严重是造成家庭成员伤亡。灾害还可能导致家庭被迫紧急转移或临时安置，或者像新冠肺炎疫情期间隔离在家。在这种情况下，家庭的正常生活将受影响，给家庭成员带来生理和心理的创伤。

　　家庭作为灾害的"第一感知人"，也是开展应急救援、自救互救的"第一响应人"，是防范灾害风险的前沿阵地。因此，我们在参考相关科研机构、领域专家和政府部门已发布的宣教材料的基础上，编写了这本《家庭应急避险手册》，目的是启迪每一位家庭成员都能够学习掌握一些防灾减灾科学知识，日常做好家庭应急准备，实施恰当的防灾措施，在灾害真正来临的时候，能降低和避免不利影响与损失，用知识守护我们的美好家园。

　　本手册由董青、管志光、张宏、张婷婷编写，蔡文泉、刘嘉瑶绘图，中国地震局原副局长何永年研究员、中国地震局原副局长修济刚研究员给予了指导和帮助，在此表示衷心的感谢！

　　由于能力和水平的不足，本手册肯定存在错误和疏漏，敬请广大读者批评指正。

编者

2023年4月

目 录
Contents

一　家庭灾害风险隐患

二　居家防灾有备无患

三　自然灾害避险方法

四　家庭灾害避险措施

五　公共场所避险技能

六 应急避险常用信息

家庭灾害风险隐患

- 灾害对家庭的影响
- 家庭存在的风险隐患
- 家庭风险隐患排查方法
- 日常家庭防范风险措施
- 关注家庭特殊成员

一

家庭是社会的细胞，是我们生活和精神的港湾。近年来，随着人们生活水平的不断提高，家用电器、燃气用具的大量增加，新工艺、新产品、新装饰材料的不断开发应用，加之人们防灾减灾意识淡薄，使我们的家庭存在着用火、用电、用气、意外事故和自然灾害等风险隐患。我们必须居安思危，科学排查，切实防范和化解家庭风险隐患，实现安居乐业。

（一）灾害对家庭的影响

　　社会是由家庭组成的，家庭是社会的基础单位。每当发生灾害时，家庭都难免受到不同程度的影响。无论是地震、台风、洪水、泥石流、火灾等，还是新冠肺炎疫情，都可能给一个家庭带来危害与不利影响，甚至给家庭造成毁灭性的破坏，给家庭成员带来生理和心理的创伤。

　　房屋是人们赖以生存的场所，财产是一个家庭维持生计的物质基础。然而，房屋和大部分财产在灾害发生时是无法转移的，往往造成房屋倒塌或烧毁，财产毁于一旦，更严重的还可能造成家庭成员伤亡，破坏家庭的组成结构。灾害还可能导致家庭被紧急转移或临时安置，或者像新冠肺炎疫情期间隔离在家。在这种情况下，家庭成员可能缺少必需的生活物资，影响家庭的正常生活。

灾害也会带来社会基础建设、公共服务和社区结构的变化，可能使家庭在短时间内没有收入，或者导致长期收入减少。同时，家庭所能得到的社会支持也会缩减。

地震造成的房屋破坏

 （二）家庭存在的风险隐患

在我们家庭日常生活中，都或多或少存在着一些风险安全隐患。如果我们平时不注意消除这些不安全因素，养成良好的生活习惯，那么酿成大祸就来不及了。

（1）用火风险隐患

卧床或卧在沙发上抽烟；小孩玩打火机、火柴、蜡烛；

燃气灶旁边有易燃物（洗碗布等）；厨房用火不慎，燃气软管老化；纸箱和杂物堆满逃生疏散通道；室内堆积大量可燃物。

小孩玩火风险隐患

（2）用气风险隐患

燃气灶具无熄火保护装置；燃气灶"超期服役"；户外、户内燃气管线的损坏老化；燃气用具使用过程中无人看管；瓶装燃气使用不当，包括灌装超量发生破裂、瓶体受热膨胀、瓶体受腐蚀或撞击、气瓶角阀及其安全附件密封不严引起漏气、瓶内进入空气等。

燃气灶具无熄火保护装置存在隐患

（3）用电风险隐患

接线板超载或使用质量不合格的接线板；电线负荷过大，急剧发热，损坏绝缘；湿着手插、拔插头；家用电器电源插头没拔出，带电时间过长，温度升高；导线连接不良，造成线路间短路；手机边充电边使用；家中大功率电器长时间没有检修维护，内部原件松动；电动车充线路老化、充电器不匹配、充电时间过长；卫生间有裸露的插座；乱接乱拉电线，忘记拉断电闸或关闭电气设备等。

（4）自然灾害风险隐患

家住一楼，地势低洼或者靠河，容易被洪水淹；地处山斜坡脚下的房屋，存在受滑坡、泥石流的威胁；家在台风多发地，但是窗户不够结实，屋顶漏雨；家在地震多发地区，书架或衣柜未固定到墙上，柜子上放了花瓶和重物；家所在

山坡脚下的房屋，受滑坡、泥石流的威胁

的房屋或者楼房没有避雷针；雷电天气时在窗边玩手机等。

（5）卫生风险隐患

喝未经煮沸或处理的自来水或井水、河水；饭前便后、处理食物前和回到家没有立即洗手的习惯；洗手方法不正确；患有流行性感冒或其他传染病的情况下，不戴口罩；当筷子长期处在潮湿的环境下，再加上平时夹玉米花生等粮油类食物，筷子容易发霉发黑，产生黄曲霉毒素；一块抹布多用，导致细菌交叉感染，增加患上疾病的风险；菜板残留的食物残渣变质后，会滋生霉菌，如果不进行清洗，就有可能诱发癌症。

（6）意外事故风险

易燃易爆物保存不当，比如煤气罐、鞭炮裸露在外；车辆拥挤、交通混乱的路段；烟花爆竹存放地，违章或临时建筑；误食有毒物质（农药、亚硝酸盐等）引起的化学性食物中

变质食品导致食物中毒

毒；食用未经充分加热的豆浆、扁豆，或食用苦杏仁、发芽土豆、毒蘑菇引起有毒植物性食物中毒；误食猪甲状腺、肾上腺和含毒的鱼类，引起有毒动物性食物中毒；家用药品放置随意。

 ## （三）家庭风险隐患排查方法

　　家庭风险隐患排查方法其实是非常多的，包括居住环境风险隐患的排查，了解家庭所在地曾经发生过的灾害，如地震、洪水、滑坡、泥石流等自然灾害，并考虑可能发生的风险。

　　其次是排查家中电线有无老化和破损现象；电气线路有无超负荷使用情况；电气线路上的插头、插座是否牢靠；家用保险丝是否有铜、铁丝代替现象；是否按使用说明书正确使用家用电器；照明灯具是否离可燃物太近等。

　　再次是排查易燃物品是否远离火炉、燃气炉灶；燃气管道安装是否牢固、软管是否老化；燃气管道、阀门处是否漏气；燃气炉灶处是否通风良好；家庭装修材料是否大多使用难燃、不燃材料；火柴、打火机等物品是否放在儿童不易取到的地方；家中是否配置了简易灭火器具；是否制定了火灾逃生预案等。

　　通过以上排查，找出家庭的风险隐患，列出风险隐患清单，制作成一张家庭风险图，对风险隐患进行评估，编排出优先处理的隐患，及时采取措施，建设有备无患的安全家庭。

家住一楼，地势低洼或者靠河，存在被洪水浸泡的风险

日常家庭防范风险措施

防范灾害风险，建设安全家园，是我们每个人的美好愿望。我们必须从我做起、从家庭的点点滴滴做起，在家庭风险隐患排查的基础上，有针对性地制定和落实家庭灾害风险防范措施，是保护好自己、保护好家人最好的准备。

（1）定期维护房屋及屋内设施

家庭的房屋是我们的避风港，也是修身养性、安居乐业基础。我们要定期对房屋进行维护检修，以防房屋受潮受损和汛期漏雨；排查房屋安全隐患，找出并维修易受火灾、地震、强风、洪水与恶劣天气破坏的地方；确保窗户可从屋内打开，房屋出口与紧急出口畅通无阻；定期排除火灾隐患；检修房屋电气系统；清理水沟与排水管；检修所有供暖设备与烟囱；更换烟雾报警器电池等。

（2）单独存放好危险品

其实，生活中的很多意外都是可以避免的，它们都是因为我们的疏忽大意造成的。例如，应尽量减少家中存放的危险品数量，并将它们单独妥善存放，以防发生泄漏，避免酿成灾祸。危险品包括易燃、易爆、有强烈腐蚀性、有毒和放射性等物品，如汽油、温度计中的水银、鞭炮等。应限制危险品存量，清除或单独分开存放危险品；将有毒与易燃物品存放于密封带锁的金属柜中，以防发生火灾、有毒物质混合和危险物品泄漏。

危险品存放处

（3）及时消除各类隐患

家庭火灾：切勿在床上或卧躺吸烟，烟头不要随意丢弃，使用金属烟灰缸盛装烟灰并用水浸泡烟灰。将火柴、打火机、空气清新剂等易燃可燃物品置于儿童无法接触且远离热源处。在家中点燃蜡烛、焚香及艾灸等明火操作时，必须时刻有人监管，待确认火种彻底熄灭后方可离开。杜绝电气线路过载老化，防止短路打火。检查房屋电线，修理损坏、磨损或破裂的电线与松动的插头。切勿将电线置于地毯下。检查燃气设备的软管和阀门是否有老化或锈蚀。选用获安全认证的供暖设备，并按说明书规定操作设备，切勿在供暖设备附近放置易燃物品。使用符合国家安全标准的用电设备设施。

居家生活要预防火灾

地震灾害：家中建房应避开发震断裂带，避让距离参见《建筑抗震设计规范》GB 50011—2010第4.1.7条。修缮房屋时，应保证建筑结构的完整性。地震的摇晃可能会让高而重的家具、设备、大型电器等坠落、破碎、倒下，因此要将高而重的家具、设备、大型电器、照明器材等都固定在墙柱或地面上；将电视、电脑以及其他电子器件妥善放置，画框和镜框固定在墙上；床的位置应尽量避开外墙、房梁，床的正上方不要悬挂吊灯等重物，预防可能造成的人身伤害和导致的财产损失。

房屋建筑应避开发震断裂带

　　洪涝灾害：不要住在洪水容易泛滥的河边、湖泊、池塘和低洼地带。避免在距离涨潮海岸线200米以内的区域修建建筑或居住。房屋如建在河漫滩上，应建造合适的地基，提高房屋所处的高度（建议参考相关国家标准）。水井与厕所应选择修建在高于预期洪水水位的安全地点。若要翻新或改建房屋，需做好房屋的防洪措施。选用防洪建材翻新或修建易被浸湿的地方，电线线路应距地面1.2米，将电器置于支座上，合理设计墙体，以确保排水孔可排出雨水。

雨季要预防洪涝灾害

气象灾害：居家生活要预防台风、暴雨、大风、雷电等气象灾害造成的风险隐患。安装厚实的窗帘、防风玻璃、防风遮板或贴上玻璃窗贴膜。在风季来临之前，对屋顶进行检修，包括固定或更换松动的瓦片等。屋顶往往是房屋最易受灾害破坏的部位。在雨季到来前，居住在平房或低洼地带的家庭，要准备挡水板、沙土袋等物品。

低洼地带的家庭，在汛期用沙土袋围挡

（4）保护好宠物与牲畜

采用房屋保护措施，保护房屋外的建筑物、牧场与畜栏。在洪水多发地区，若饲养有不便转移的牲畜或大型动物，可搭建一个较高的平台，带有通道，以便动物在遇洪水时可到此避险。给宠物接种疫苗，避免其感染传染性疾病。

（5）养成良好的卫生习惯

做到饭前便后用肥皂、洗手液和清水彻底洗净双手。使用厕所或通过其他干净卫生的方法排便。切勿在户外或水源附近排便。保护水源与食物免受污染。妥善处理动物排泄物。洪水后和疫情期间，要对家庭和庭院进行消毒，预防传染病发生。

日常生活中养成勤洗手的好习惯

关注家庭特殊成员

家庭特殊成员包括儿童、老人、残障人士或有特殊需求的家庭成员，他们在灾害面前往往是弱势者。制定应急预案时，要充分考虑他们的特殊需要。例如，发生灾害时确保残障人士优先使用无障碍通道或设施。

(1) 考虑不同年龄儿童的需求

在制定家庭应急预案时，要充分考虑不同年龄段的儿童需求特点，如应急包内应要放置少量婴儿的尿不湿或是幼儿的1个小玩偶。对于低幼年龄的儿童，要安排成人带领他们撤离。5岁以上的儿童可以不同程度地参与到制定家庭应急预案中，参与该过程对儿童来说是很有效的体验式应急教育。平时注重教育儿童学习应急安全知识和技能，如地震来了应该怎么逃生，火灾发生怎么逃生，不能乘坐电梯，要走安全通道等，增强孩子的安全意识。

(2) 照顾好行动不便的老人

对于家中行动不便的老年人，在制定家庭应急预案时要安排家人协助其撤离。家庭应急包中需要包括老年人常用的药品。在突发灾害时，可能有的老人反应不过来应该找谁，所以要在手机上提前设置好紧急联系人，有急事的时候就可以自动拨打；也可以将家庭主要成员的电话和110、120等应急电话，贴在床头、客厅等醒目的位置，便于老人遇到紧急情况时使用。

应急疏散时，要照顾好行动不便的老年人

（3）多方面关注残障人士

在制定家庭应急预案时是否考虑到以下人群的特殊需要？对行动障碍人士，逃生通道是否畅通无阻？撤离线路是否便于通行？对视力障碍人士，是否有听觉提示，如广播或清晰的声音提示？是否有触觉提示，如凸起的引导标示？对听力障碍人士，是否会用手语传达信息？是否可以制作一些可视化标识？对认知障碍人士，是否会用较慢的语速和简单的语言传达、解释信息？对沟通障碍人士（如自闭症），是否可以提前告知可能发生的情况，使之形成良好的心理预设而避免产生情绪问题等？

居家防灾有备无患

- 学习防灾减灾知识
- 关注灾害预警信息
- 做好家庭应急物资储备
- 制定家庭应急预案
- 开展家庭应急演练

家庭作为社会的基层单元，也是灾害的"第一感知人"和应急救援、自救互救的"第一响应人"，是防范灾害风险的前沿阵地。如果每个家庭都能够学习掌握一些防灾减灾科学知识，日常做好家庭的应急准备工作，实施恰当的防灾措施，在灾害真正来临的时候，可以极大地减轻灾害损失和人员伤亡。

 # （一）学习防灾减灾知识

家庭成员平时要学习掌握防灾减灾、自救互救知识，提高心理素质和应急能力，只要有了防灾这根弦，就多了一份家庭安全系数，就不怕灾害的突然袭击。因此，每个家庭成员要树立正确的灾难理念，克服侥幸心理，树立灾害风险意识，掌握防灾减灾、自救互救常识。

2008年汶川8.0级特大地震后，我国将每年的5月12日确定为全国"防灾减灾日"，5月12日所在的周为"防灾减灾宣传周"。届时各级减灾委、应急管理、地震等部门，通过制作防灾减灾科普挂图；播放防灾减灾知识影片；开展防灾减灾知识竞赛；进行紧急避险与疏散演练等方式，广泛开展防灾减灾宣传教育，向社会公众介绍灾害应急避险、自救互救等方面的知识。我们要抓住这个机会，积极参加各种宣传活动，主动向宣传人员领取宣传材料，进行防灾减灾咨询，用知识守护我们的生命。

家庭成员平时要学习防灾减灾知识

 (二) 关注灾害预警信息

灾害预警是指灾害发生前应急网络的建立和灾害信息的发布，实现各类灾害风险因素全方位、全过程、全天候动态监测、智能化分析和预警，让大家能够及时采取避灾行动。预警信息包括突发公共事件的类别、预警级别、起始时间、可能影响范围、警示事项、应采取的措施和发布机关等。官方预警信息一般通过天气预报、电视、广播、网络媒体和报纸等渠道发布。

气象类灾害预警信号级别依据气象灾害可能造成的危害程度、紧急程度和发展态势一般划分为四级。以暴雨预警为例，预警信息由低到高划分为一般（Ⅳ级）、较大（Ⅲ级）、严重（Ⅱ级）、特别严重（Ⅰ级）四个预警级别，并依次采用蓝色、黄色、橙色和红色加以表示。

暴雨预警信号

 做好家庭应急物资储备

突发性灾害发生后，我们生存和生活的环境受到严重影响。特别是在救援队伍和物资到达之前，家庭储备必要的应急物品是为了家庭人员被困后的逃生、救护以及特殊环境下急迫的生活需求，有利于我们为实现避险行动提供基本保障，创造生命的奇迹。

（1）逃生用具

手套和专用逃生绳。手套选用涂胶的棉纱或者薄帆布优质手套，用于逃生或者自救互救时使用；逃生绳用于在出逃通道受阻时从高处脱困，也用于应急时的捆绑、固定或者牵拉需要。小钳子、改锥、小刀、钉锤等小工具，用于自救互救时各种应急处置。应急灯、手电筒、发光棒、呼叫信号器、专用求生口哨，用于照明、发出求救信号，帮助救援人员搜索定位。因为在灾害时电力往往中断，当灾后夜晚转移时，手电筒就会起到很大的作用。便携式收音机，在和外界通信受阻时，可以及时收听到关于灾情和救援的情况，以稳定情绪。

（2）准备应急包

为保证在灾害发生时能够安全、迅速撤离，请提前准备应急包。推荐的做法是，在家中和车子中各备一个应急包，

家庭应急包及其物品

其中应尽量涵盖11个类别，全国基础版家庭应急物资储备建议清单：

全国基础版家庭应急物资储备建议清单

序号	物品名称	备注
1	饮用水	保障每人3天基本饮水需求，至少3升/人
2	方便食品	保障每人3天基本食物需求。方便食品体积小、热量高，如巧克力、肉类罐头、压缩饼干等
3	灭火器和灭火毯	灭火器是用于初起火灾的扑救。灭火毯可披覆在身上逃生或用于扑灭灶具着火等小型火源，起隔离热源及火焰作用。建议存放在灶具附近的明显位置
4	呼吸面罩	每人1个。消防过滤式自救呼吸器，用于火灾逃生使用。建议存放在房门等逃生必经处的明显位置
5	手电筒	防水防爆手电筒。定期充电或更换电池。建议存放在床头
6	多功能小刀	有刀锯、螺丝刀、钢钳等组合功能，质量过硬。建议存放在应急包内
7	收音机	接收应急广播使用。定期充电或更换电池。建议存放在应急包内
8	救生哨子	建议选择无核产品，可吹出高频求救信号。建议存放在应急包内
9	外用药品	止血粉、止血贴、纱布绷带、棉球、碘伏棉棒等，用于处理伤口、消毒杀菌。建议存放在应急包内
10	消毒湿纸巾	用于个人卫生清洁。建议存放在应急包内
11	医用外科口罩	病毒防护。建议存放在应急包内

（3）家庭成员信息卡

包括家庭成员的名字、家庭地址、家庭其他成员、联系电话、年龄、血型、既往病史等信息，以便寻找家人和施救，这对于老人和儿童尤为重要。明确家庭紧急联络人,最好选择两个,一个在本地,一个在外地,因为本地联络人可能因地震造成通信中断无法进行联系,外地联络人可在失联时有效地寻求帮助。

 ## (四) 制定家庭应急预案

家庭应急预案是为了家庭成员实施应急避险所做的预先计划,以保证灾害发生后,家庭成员可以按照预案报警、自救互救、迅速有序地疏散,是我们保护自己、保护家人最好的准备和应尽的责任。

(1) 以社区应急资源为依托

家庭是社区的一分子,家庭应急预案要以社区的地理位置、生态环境、公共设施、应急资源为依托,与社区灾害应急预案紧密相连。因此,在制定家庭应急预案前需要了解所住的村或居民小区的有关情况以及社区的应急预案、谁是应急负责人以及联系方式。所住的村或居民小区以及社区有哪些应急资源(灭火器、逃生通道、防洪沙袋等)和这些资源所在的位置、如何获取。离家最近的安全避难场所在哪里等。

家庭成员参与家庭应急预案的制定

（2）紧密结合家庭实际

制定家庭地震应急预案，要紧密结合家庭的楼层、人员结构和空间分布，合理确定家庭成员的应急任务，使每个人都知道在灾害发生后应"如何做、怎么做"。要划分室内的避难空间，知道室内的哪些地方是相对安全的区域，哪些是危险的区域；根据室内结构空间的位置和大小，分配家庭成员的避难地点；明确疏散的路线和集合地点。集合地点最好选两处，第一处作为首选，第二处作为备选，当第一处因各种情况不能到达时，就去第二处。确定专人负责家庭重要资料的保管和提取，如身份证、银行卡、保险单、财务记录等，预防灾后生活需要。

开展家庭应急演练

灾害往往突如其来，紧急避险、撤离、疏散、联络等都要在极短的时间内或比较困难的环境下完成，所以在平时进行必要的家庭防灾应急演练很重要。通过演练，检验我们的应急准备和应急处置能力，更重要的是促使我们将一些防灾避险措施转变为自然的反应行动。

（1）应急演练的主要内容

假设突然灾害发生时全家人在干什么，在家里怎样避险，根据每人平时的正常生活环境，确定避险位置和方式；熟悉水电气的关闭操作、家庭应急物品存放处；明确家庭成员疏散时的任务分工、疏散的路线和集合地点等；了解驻地附近避难场所、绿地公园、高楼分布、立交桥通行情况；重要物品和文件的保存措施等。这些内容经过反复演练后，将成为每一个家庭成员的永久记忆和自觉行动。

（2）应急演练的方式

模拟接到灾害预警信息后，家庭成员按预案迅速行动。注意行动要有组织、有步骤地进行，对于需要照顾的老人和儿童，家庭成员按照任务分工分别给予帮助，尽快到达安全的避难地

家庭成员开展应急疏散演练

点；负责关闭煤气阀门、电源开关的要迅速关闭；负责携带家庭应急包的要随身带上；在撤离过程中，家庭第一响应人在前、老人和儿童在后；到达避难地点后，要注意自己及家人的避险姿势是否正确。演练完成后，要及时总结经验教训，不断完善家庭应急预案。

自然灾害避险方法

- 地震灾害避险方法
- 地质灾害避险方法
- 气象灾害避险方法

突发性自然灾害发生后，躲避是否成功，就在千钧一发间，容不得瞻前顾后、犹豫不决。如何在一瞬间做出正确的选择，这就需要有丰富的灾害应急避险知识作为支撑。因此，家庭成员掌握一些应急避险知识，保持清醒的头脑，因时因地避险，就有可能化险为夷，成功逃生。

 # 地震灾害避险方法

地震灾害具有突发性强、破坏性大、灾害损失重的特点。如果在家中遇到地震，要保持头脑冷静，就近采取避险措施。等地震过后，迅速跑出室外，到开阔的地方暂避。

（1）认识地震

地震就像刮风下雨一样，是地球上经常发生的一种自然现象。地球上天天都有地震发生，每年约500万次。这些地震绝大多数很小，只有1%我们可以感觉到，7.0级以上的破坏性大地震有10多次。由于地球板块之间不停地运动和变化，板块岩层中逐步积累了巨大能量，当地下岩层所承受的地应力太大，岩层不能承受时，就会发生突然、快速破裂或错动，岩层破裂或错动时会激发出一种向四周传播的地震波，当地震波传到地面时，就会引起地面的震动，这就是地震。

地震是最致命的自然灾害之一。很多地震遇难者死于坍塌建筑掩埋。地震引发的次生灾害，如火灾、海啸、滑坡、泥石流、化学物品或有毒物质泄漏也是造成伤害的重要因素。因建筑物受损、建筑构件或建筑内物品跌落或破裂，或灾后未采取适当的防范措施造成的人员受伤也有很多。不同级别的地震可能造成或大或小的伤害和损失，社区和家庭可以通过采取防范措施，提升自身防御能力来减轻地震可能带来的危害。

（2）防震避险方法

如果感觉到晃动，可能是地震！目前国际上通用的防震避险方法就是"伏地、遮挡、手抓牢"。伏地：蹲下跪在地上，以免摔倒，尽量收缩身体；遮挡：寻找合适的安全点，护住头部和颈部等，防止身体重要部位受伤；抓牢：在地震震动结束前，抓紧防护物。

如果在以下地方遇到地震，应如何躲避？

在室内，建议离门最近的人应尽量将门打开，避免门窗因地震晃动变形而无法打开。身旁有明火的人应将明火熄灭。可躲到结实的桌子底下，抓紧防护物。远离高、重的家具设备和高处的安全隐患。逃生时不要搭乘电梯。在户外，建议远离建筑物、墙体、电线、树木、灯柱和其他安全隐患。蹲在地上，护住头部和颈部。在车辆中，建议将车辆停靠至安全地方，远离高处的安全隐患。车内人员做防撞击姿势，保护好头颈。对于使用轮椅的残障人士，建议拉紧手刹，做出防撞姿势，护住头颈。尽量远离在地震中摇晃、坠落或摔碎的物品，以免受伤。

地震震动结束后，要离开建筑物，撤离到户外安全场所避难。

就近躲在桌子下边

 (二) 地质灾害避险方法

地质灾害是指在自然或者人为因素的作用下形成的对人类生命财产造成的损失、对环境造成破坏的地质作用或地质现象，主要包括崩塌、滑坡、泥石流等，并以分布广、突发性和破坏性强，具有隐蔽性及容易链状成灾为特点，每年都造成巨大的经济损失和人员伤亡。

（1）滑坡避险

我国的滑坡灾害十分频繁，灾害损失极为严重，尤其中西部地区的家庭大部分处于这类灾害的包围之中。丘陵山区的家庭一般随坡度不同的地势而建，突降暴雨或地震等因素，有时会造成突然的滑坡，往往形成严重的灾害。滑坡多发生在雨季，夜晚发生滑坡的概率比白天更大。

在雨季，在滑坡易发地点，一定要随时收听有关预报、预警信息，关注天气变化。一旦发现征兆，不要迟疑，尽早从危险区撤离。要沉着冷静，迅速判断出正确的逃生方向，向滑坡方向的两侧撤离。如果处于滑坡体中部无法逃离时，找一块

向滑坡方向的两侧跑

坡度较缓的开阔地停留，但一定不要和房屋、围墙、电线杆等靠得太近，可寻找身边最近的固定物迅速抱住，确保自己不被冲走。也可躲避在结实的障碍物下，或蹲在地沟、地坎里，用身边的衣物裹住头部。

滑坡过后不要贸然回家，也不能闯入已发生滑坡的地方寻找财物，以免遭受二次滑坡的侵害。居住在划定为滑坡危险区域内的居民也不得擅自返回，须经现场专家勘查鉴定，消除危险后方可进入。行人与车辆不要进入或通过有警示标识的滑坡危险区。

（2）泥石流避险

泥石流是我国自然灾害中的主要灾种，每年都造成几亿元的经济损失和几百人至上千人的伤亡。泥石流的突然发生往往让人措手不及，且较难准确预报，易造成较大的人员伤亡。但通过采取正确的方法避险逃生，是可以化险为夷的。

如果有关部门已发出山洪、泥石流的预报或预警，或异常情况明显，应按既定疏散路线立即撤离，迅速离开危险区域，到安全点避险。应选择基底稳固又平整的高地临时避难。

逃生要选择正确的方向，迅速向泥石流运动方向的两侧高处跑，来不及逃离时可就地抱住河岸上的树木。尽快离开沟道、河谷地带，同时向周围人员发出预警。

如果深陷泥石流，应尽量划动四肢，保持头部露在外。不要在土质松软、土体不稳定的斜坡上停留，以免斜坡失稳

迅速向泥石流运动方向的两侧高处跑

下滑；不要停留在低洼处；不要躲在沟道中的滚石和土包后；不要躲避在泥石流区域内的树木和房屋上；不要试图横穿泥石流。泥石流过后，不要立即进入灾区去挖掘和搜寻财物，以防二次泥石流和次生灾害的发生。

（3）崩塌避险

崩塌是我国发生频率高、造成危害大的地质灾害之一，也称为崩落、垮塌或塌方。它发生猛烈，速度快，崩塌体运动不沿固定的面或带发生，致使崩塌具有一定的随机性。

如果有崩塌发生的前兆，千万不能有侥幸心理，应及时撤离人员，并立即向当地政府或有关部门报告，及时通知周围的

家庭应急避险手册

崩塌对家庭的危害

处于崩塌体的底部，应迅速向其两侧逃生

居民、游客远离。人员撤出后，不要在天气一转晴就急着搬回去居住。政府部门应设立警示标识，禁止行人及车辆进入危险区域。

崩塌发生时，应迅速逃往安全地带。如果位于崩塌体的底部，应迅速向其两侧逃生；如果位于崩塌体顶部，应迅速向其后方或两侧逃生。行车时如果遇到崩塌，应保持冷静，注意观察险情。如果在前方发生崩塌，应在安全地带停车等待；如果身处斜坡或陡崖等危险地带，应迅速离开。因崩塌造成交通堵塞时，应听从指挥，及时有序疏散。

在保证安全的前提下，迅速查看灾区是否还有崩塌发生的危险；查看天气，通过广播电视等途径，关注是否还有暴雨及其他可能引发崩塌的天气；在条件允许的情况下，有组织地进行搜救，积极开展抢险救灾工作。

 ## （三）气象灾害避险方法

气象灾害是指由气象原因造成的灾害，是自然灾害中最常见的一种灾害现象。近年来，随着全球气候变暖，极端天气事件发生的几率进一步增大，我国气象灾害的突发性、反常性和不可预见性日益突出，气象灾害的风险日益增加，学会气象灾害避险方法已成为我们的一项重要任务。

（1）洪涝避险

我国建立了相应的洪涝预警机制。汛期到来尤其是暴雨来临时，应保持高度警惕，及时关注媒体发布的天气预报与气象预警信息，采取相应的防御措施，做好家庭和个人的防灾减灾准备。

家住平房的居民应在雨季来临之前检查房屋，维修房顶。住平房或地势低洼地带的居民可在大门口、屋门前放置挡水板、沙土袋等物品，防止洪水进院进屋。

生活在洪涝易发区的城镇居民要多观察、留心周围的地形地貌，备选一处安全地点，如有避难场所可作为首选，并熟悉撤离路线，一旦洪水到来时即可用于躲避。居住在水库下游、山体易滑坡地带、低洼地带、有结构安全隐患房屋等危险区域的人群，暴雨来临前应立即转移到安全区域。

危险区域人群，暴雨来临前应立即向安全区域转移

暴雨期间尽量不要外出，必须外出时应尽可能绕过积水严重的地段。在户外积水中行走时，要注意观察，贴近建筑物

行走，防止跌入窨井、地坑等；在水深的路段不要光脚行走，以防打滑和被路面上的石头或坚硬物品刮伤脚板；行进中若发现高压线铁塔倾斜、电线低垂或断折时，要远离避险，不可触摸或接近，防止触电；不要在下大雨时骑自行车或电动车，因为路面积水很容易陷入坑、沟。

驾驶员如遇到路面或立交桥下积水过深时，应尽量绕行，避免强行通过；雨天汽车在低洼处熄火时，应下车到高处等待救援；如果车子的涉水深度超过40厘米或涉水深度超过机舱盖时，应立即熄火；不要在已被洪水淹没的公路上行驶，因为60厘米深的水就能冲跑车辆，使人面临生命危险。

被洪水浸泡过的房屋不要马上入住，应先进行安全检查，确认没有问题后再入住。餐具要先消毒再使用。

(2) 雷暴避险

雷暴灾害是指伴有雷击和闪电的局地对流性天气，发生时常伴有雷击、闪电、龙卷风、冰雹和强降水，持续时间通常不超过2小时，并可能导致建筑物倒塌，从而威胁行人安全，人还有可能会被雷击中。

雷暴天气出门，不要高举雨伞或肩扛长的带金属的物体，最好携带非金属的防雨用具，如塑料雨衣等；身上携带的金属类物品也最好收起来；避雨的时候要观察周围是否有外露的水管、煤气管等金属物体或电力设备，不宜在铁栅栏、金属晒衣架、架空金属体以及铁路轨道附近停留。

遇到雷暴时，应避免在开阔地带、楼（屋）顶停留，让自己成为所在区域的最高点，应尽快到有防雷设施的建筑物内躲避。但打雷避雨时切忌狂奔，也不要骑自行车疾驰，因为身体的跨步大，电压就大，容易遭受雷击。

如果在雷电交加时，头、颈、手处有蚂蚁爬走感，头发竖起，说明将发生雷击，应赶紧趴在地上，这样可以减少遭雷击的危险，并拿去身上佩戴的金属饰品和发卡、项链等。最好找一个低洼处，双脚并拢蹲下来，尽可能降低高度，因为头部较身体其他部位最易遭雷击，所以要保护好头部。

遇到雷暴时，应注意水能导电

不要在大树下和高墙下避雨，在亭子里避雨时应远离亭子内的柱子；来不及离开高大物体时，应马上找些干燥的绝缘物放在地上，并将双脚合拢在上面，切勿将脚放在绝缘物以外的地面上，因为水能导电。如果在户外看到高压线遭雷击断裂，此时应提高警惕，因为高压线断点附近存在跨步电压，身处附近的人此时千万不要跑动，而应双脚并拢，跳离现场。

不要在大树下避雨，以防遭雷击

（3）大风和沙尘暴避险

大风和沙尘暴灾害性天气可造成房屋倒塌、交通、供电受阻或中断、火灾、人畜伤亡等，污染自然环境，破坏作物生长，给国民经济建设和人民生命财产安全造成严重损失和极大的危害。

沙尘暴天气主要发生在冬春季节，这个季节地表极其干燥，而沙尘物质是形成沙尘暴的物质基础。这时候细菌病毒和支原体等微生物活动频繁，并利于传播，容易诱发疾病。平时可适当多喝水或多喝一些天然的果蔬汁，保持咽喉凉爽舒适，提高身体的免疫力。强身健体是避免受凉感冒，特别是预防呼吸道疾病复发的主要方法。注意收听天气预报，有较强沙尘天气时应尽量避开室外锻炼，尤其是老人、体弱者应该在室内锻炼，有呼吸道系统疾病的朋友最好不要出门。

外出时最好使用防尘、滤尘口罩，以减少吸入体内的沙尘。帽子和丝巾可以防止头发和身体的外露部位落上尘沙，避免皮肤瘙痒。风镜可减少风沙入眼的概率，预防角膜擦伤、结膜充血、眼干、流泪。一旦尘沙吹入眼内，不能用脏手揉搓，应尽快用流动的清水冲洗或滴几滴眼药水，不但能保持眼睛湿润易于尘沙流出，还可起到抗感染的作用。尽可能远离高大的建筑物，不要在广告牌下、树下行走或逗留。在路上的司机朋友不要赶路，应把车停在低洼处，等到狂风过后再行驶；如确实无处躲避，应减速慢行，密切注意路况，谨慎驾驶。

沙尘暴天气出门戴口罩、纱巾等

在室内应及时关闭门窗，必要时可用胶条对门窗进行密封。如房间内落满灰尘，要用湿抹布擦拭清理。室内可以使用加湿器以及洒水、用湿墩布拖地等方法保持空气湿度适宜，预防呼吸系统疾病，保持皮肤水分。从外面进家后，可以用清水漱口，清理一下鼻腔，有条件的应该洗个澡，减轻有毒化学物质、病菌感染的几率。如果感到咳嗽、痰多、发烧时，及时吃药、休息，症状在一段时间内不能缓解的话，应当到医院就诊。

（4）冰雪避险

冰雪灾害是由冰川引起的灾害和降雪、降雪引起的雪灾两部分组成。近几年来，受大气环流异常和拉尼娜事件的影响，极端气象条件下的冰雪灾害呈多发态势。冰雪灾害关系到千家万户，严重影响道路、桥梁及公共场所等设施的正常使用。

冰雪天气到来之前，家中应该做好防寒保暖准备，储备足够的食物、水、御寒衣物及防冻药物。提前做好供电、供水、供气、通信设施的防寒防冻，保障生产生活正常运行。住在城镇危房内的居民要及时加固房屋或抓紧转移。老弱病患者尤其应预防因气温骤降引发或加重呼吸道、心血管等疾病。

人体在寒冷环境中要维持体温，就必然代谢增加，体力消耗多，只有增加营养物质的摄取量才能满足人体需要，因而要增加高热量的蛋白质、脂肪类的食物。绝对不能饮酒，饮酒虽然暂时可以造成身体发热的感觉，但实际上酒精使血管膨胀，增加了身体的散热，导致抵抗力下降。

接收到暴雪来临的预警信息，应关注机场、高速公路、码头的封闭信息，及时调整出行计划，出行注意安全。将车辆停放到远离主干道的安全地带。如必须驾车出行，应在轮胎上安装防滑链，减速慢行，保持更大的车距，不要超车，小心拐弯，切忌猛打方向盘、急踩刹车。

（5）台风避险

台风（在北大西洋、加勒比海、东北太平洋等海域也叫飓风），是大的旋转风暴，通常在海上形成，移动速度可能缓慢也可能很快。我国所在的北半球的台风主要发生在7月到10月，带来强风和暴雨，造成人员伤亡和财产损失。

在台风活跃季，要密切留意最新气象信息及应急部门的信息发布，渔业从业者应特别关注有关要求渔船归港的信息。随时注意收听收看天气预报，了解自己所处的区域是否是台风袭击的危险区域，并根据预警调整自己的活动。车辆燃油箱加满油，以备撤离之需。

若收到台风预警，应将放置在阳台的花盆、杂物等搬入室内，检查雨篷，加固空调外机，以免因台风坠落而造成人员伤亡或财产损失。保持露天阳台和平台上的排水管道畅通，以免台风暴雨引起积水排泄不畅而倒灌室内。检查门窗是否坚固，可以用胶带以"米"字形加固窗户，以免风力太强击碎玻

遇到台风时，要离开临时建筑、树木、广告牌等

璃。紧闭固定在窗外的防风遮板、木板或其他防风设备。备好沙袋、防洪挡板或塑料板，以免水从门窗或通风口涌入屋内。

在台风来临时，尽量不要出门并且关好门窗，关闭防风遮板或在窗外用木板围封窗户。若当地有关部门要求撤离，应按指示撤离。撤离前有充足时间的情况下，关闭电闸、水和燃气阀门、连接炊具或加热设备的燃气罐，拔掉小家电的插头。如果发生雷雨大风导致家中进水，应立即切断电源。如在室外，尽快转移至室内，不要在旧房、临时建筑、电线杆、树木、广告牌等地方躲风避雨。地势低的道路、隧道和地下人行通道在暴雨中容易积水，不要从这些地方经过。台风引发局部暴雨时，河流和水渠有泛滥的可能性，水流会变得非常湍急，绝对不要接近。

台风过后，外出注意破碎的玻璃、倾倒的树，在路上看到有电线被风吹断、掉在地上，千万别用手触摸，也不能靠近。观察建筑受损情况，远离受损建筑。保持良好的卫生习惯，避免食用可能受到污染的食物和水。

家庭灾害避险措施

四

- 火灾避险措施
- 电器避险措施
- 燃气、煤气避险措施

家庭除了遭受自然灾害影响之外，随着社会的发展，人们生活水平的提高，家用电器越来越多，超负荷使用会引起火灾，燃气和煤气泄漏也会导致灾害事故，使家庭遭受重大损失。我们必须学会防范方法，减轻灾害风险，用知识守护我们美好家园。

（一）火灾避险措施

　　火灾是在一定的时间和空间范围内失去控制的燃烧，在各种灾害中，火灾是最经常、最普遍的威胁家庭安全和社会发展的主要灾害之一。据应急管理部统计，2022年1月至9月，全国共接报火灾63.68万起，死亡1441人，受伤1640人，直接财产损失55亿元。因此，我们必须准备灭火器、灭火毯、水桶和过滤面罩，安装烟雾报警器，定期对灭火器和消防器材进行检查维护和更换，做好防火的物资准备。

　　如果遇到火情，要做到火苗灭、大火逃、快报警！具体来说，如果发现小火苗，可以用灭火毯、浸湿的棉被盖住起火部位，或使用灭火器将火扑灭；大火逃，如果发现火灾已经失去控制，形成大火，不能将其扑灭，且威胁到自身安全，应关闭门窗后立即逃出火场；快报警，就是及时拨打"119"报警电话，报告清楚起火地点、有无人员被困、有无倒塌爆炸的风险。

　　在逃生过程中要注意，用湿布捂住口、鼻，用鼻子呼吸，尽量减缓呼吸。跪趴在地上，匍匐前行，尽快撤离。撤离时，尽量把能关的门都关上。试触房门，如果房门变热，不要打开房门。如果被困房中，用湿布堵住门缝，防止烟雾从门缝渗入房内。发出求救信号，拨打"119"说明所在详细地址及火势，等待救援。

跪趴在地上，匍匐前行，尽快撤离火场

　　如果身上着火，不要乱跑，原地来回打滚，或用毯子、衣物覆盖着火部位。如果他人身上着火，也可采取相同措施，将其推倒，并帮助翻滚身体；用毯子、地毯盖住着火部位；让其趴在地上，来回打滚。

　　要学会干粉灭火器的使用方法，即检、拔、提、瞄（见下图）。要注意在上风方向且距离火焰1.5～2米处使用。干粉灭火器可扑灭一般火灾，还可扑灭油、气等燃烧引起的失火，但不能用于扑救轻金属类物质燃烧引起的火灾。

○检：检查灭火器压力表（绿色区域表示可正常工作），将瓶体颠倒晃动，使筒内干粉松动

○拔：拔出铅封

○提：提起灭火器，握住喷粉软管的前端

○瞄：瞄准火源根部

电器避险措施

现代生活中，电已经是不可或缺的能源。但如果不了解安全用电常识，很容易造成电器损坏，引发电气火灾，甚至带

来人员伤亡。所以说"安全用电，性命攸关"。

电器若散发像燃烧橡胶或塑料的气味，甚至冒出白烟，这时电器就有燃烧的危险了，应该立刻拔掉电源插头，断电后火即自行熄灭，并经专业人员检查后才可再用。

如果是导线绝缘体和电器外壳等可燃材料着火时，可用湿棉被等覆盖物封闭窒息灭火。家用电器发生火灾后未经修理不得接通电源使用，以免触电、发生火灾事故。

如果用拉闸方法切断电源，必须带上绝缘手套（纱手套），人要离得远一些，避免切断电源时的电弧喷射烧伤脸部。用电工钳或干燥的木柄斧子切断电源时，应将电源的相线、地线一根一根分别切断，否则会引起短路，引发更大的灾难。

家用电器着火，一定要先断电，然后再灭火

在没有切断电源的情况下，千万不能用水或泡沫灭火剂扑灭电器火灾，否则有触电的危险。即使已经拔掉电源也是如此，因为机内的元件仍然发热，还是有可能造成危险，如着火、迸出烈焰产生毒气，电器内的某些元件甚至可能爆炸。此外，此时电器内仍有剩余电流，泼水可能会引起人的触电。

　　电器着火中，比较危险的是电视机和电脑着火。如果电视机和电脑着火，即使关掉电源，拔下插头，它们的荧光屏和显像管也有可能爆炸。为了有效地防止爆炸，应该按照下列方法去做：电视机或电脑发生冒烟起火时，应该马上拔掉总电源插头，然后用湿地毯或湿棉被等盖住它们，这样既能有效阻止烟火蔓延，一旦爆炸，也能挡住荧光屏的玻璃碎片。灭火时，不能正面接近它们，为了防止显像管爆炸伤人，只能从侧面或后面接近电视机或电脑。

　　如果屋内因电器着火，应紧闭门窗，防止火势蔓延，当机立断披上浸湿的衣物、被褥或用湿毛巾捂住口、鼻，向安全出口方向冲出去，并及时报警。火扑灭后，不要马上进入屋内查看，等待消防员到场处理。

 （三）燃气、煤气避险措施

　　目前，天然气、液化气、煤气等管道燃气在我国得到快速普及，随着天然气普及率的提高，瓶装液化气的使用用户虽然有所下降，仍有一定保有量。由于居民对燃气维护缺乏必要的安全常识，燃气管道和炉灶老化或者炉灶火没燃、熄灭，都可能引发燃气泄漏，极易引起灾害事故。冬季由于门窗紧闭，燃气在燃烧中缺氧产生一氧化碳，导致一氧化碳中毒。用煤炉做饭、取暖或者用煤暖炕时，如果排烟不畅，容易造成煤烟中毒，危及人身安全。

燃气泄漏注意事项

瓶装液化气罐出现漏气，切勿使用明火

使用天然气连接灶具的软管，应在灶面下自然下垂，且保持10厘米以上的距离，以免被火烤焦、酿成事故。定期检查并更换老旧燃气管道和炉灶。建议安装燃气泄漏报警器，因为天然气无色无味，一旦发生泄漏很难察觉。

发生燃气泄漏时，应及时关闭气阀，同时打开窗户进行通风。切勿使用火柴、打火机等明火设备。不可开启或关闭任何电器，更不要在现场拨打手机和电话，应尽快按家庭逃生路线到室外安全集合地点，再拨打"119"报警。

当液化气瓶起火时，只要气瓶是直立放置，燃烧的火焰就不会直接烧到瓶体，钢瓶也不会发生爆炸。可以用湿毛巾等直接覆盖阀门灭火，并关闭阀门。若瓶身倾倒，应就近隐蔽或卧倒，护住头部等重要身体部位。当爆炸结束后或未发生爆炸，应快速撤离。如果火势过大，应用沾湿的口罩、手帕或衣角捂住口鼻，躬身快速撤离现场。

使用煤灶要安装完整的烟筒，烟筒伸向窗外的部分一定要加装防风帽，最好将煤火炕的炕门改在室外。若发生煤烟中毒时，立即打开门窗，及时到医院就诊。如果中毒较为严重、出现昏迷，要将患者迅速移至通风良好、空气新鲜的地方，松解衣扣，保持呼吸道通畅，清除口鼻分泌物，立即拨打"120"急救。

公共场所避险技能

- 应对突发公共卫生事件技能
- 驾车出行避险技能
- 现场急救技能
- 其他应急通用技能

五

公共场所是供公众从事社会生活的各种场所的总称。公园、商场、体育场馆、影剧院、歌舞厅、网吧等。公共场所人流量比较大，加上有可能不熟悉环境，发生突发事件时易造成拥挤，在混乱中发生挤伤踩伤事故。因此，只有保持清醒的头脑，明辨安全出口方向和采取一些紧急避难措施，才能把握主动，减少伤亡。

（一）应对突发公共卫生事件技能

近年来，我国公共卫生事件呈现出多发的趋势，特别是2019年底发生的新型冠状病毒疫情，给社会经济发展和人民生活造成严重的影响。我们要充分认识突发公共卫生事件的广泛性、复杂性，做好防护和预防。

(1) 认识突发公共卫生事件

突发公共卫生事件是造成或者可能造成社会公众健康严重损害的重大传染病疫情、不明原因疾病、重大食物和职业中毒以及其他严重影响公众健康的事件。当某地区人口感染某类传染性疾病的病例激增且感染人数超过正常预期，这种传染性疾病便被称为流行病。传染病大流行是指在短时间内迅速蔓延，其发病率显著超过该地区历年流行水平，且流行范围超过省、国，甚至洲界时可感染人类的流行性疾病。例如，霍乱、鼠疫、天花、麻风病、麻疹、黄热病、重症急性呼吸综合征（SARS）、中东呼吸综合征（MERS）、新型冠状病毒感染以及一些新型流感等。当传染病大流行造成大量人口死亡或患病，且产生了严重的社会和经济影响，便会演变成灾害。

流行性疾病的传播途径，是通过空气和飞沫传播，如流感、麻疹、重症急性呼吸综合征（SARS），中东呼吸综合征（MERS）、新型冠状病毒感染。通过接触传播，包括输血、孕期母婴传播及性行为传播，如埃博拉病毒、艾滋病病毒。通过水传播，如霍乱。通过直接或间接接触在动物和人类之间传播，如病毒、细菌、寄生虫和真菌。通过被蚊子、跳蚤、壁虱等叮咬传播，如疟疾、登革热、鼠疫。通过准备或食用食物传播，如沙门氏菌、李斯特菌和甲型肝炎。

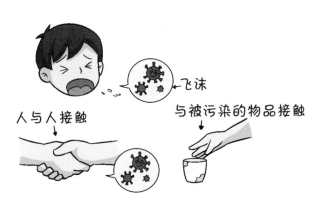

流行性疾病的传播途径

公共卫生事件会造成什么危害？可能对公众的健康、社会经济和结构产生广泛、复杂和灾难性的影响。在流行性疾病暴发期间，患病的人数可能远远超出了可用的医疗资源，许多其他的关键资源也会出现短缺。还可能导致小商业倒闭、失业者增多、疫区农产品滞销、公众心理问题变多、家庭暴力增加等一系列社会问题。

（2）突发公共卫生事件避险

要做好应对突发公共卫生事件的准备，除了常规的急救包之外，还应储备退烧药，口服补盐液（自制配比：1升水，6茶勺糖，半茶勺盐），消毒液，防护用品（如口罩和手套），净水剂，洗手液，足够的食物和必要的基本药物。

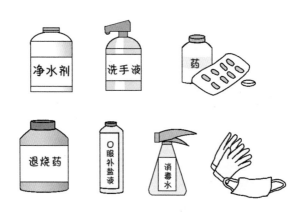

应对突发公共卫生事件准备的物品

如果所在地区暴发了流行病或传染病，请保持良好的个人、家庭和公共卫生习惯：勤洗手、保持双手卫生；咳嗽或打喷嚏时，用纸巾或弯曲的手肘捂住口鼻，立即处理掉纸巾并洗手；社交场合保持距离；定期洗澡；关注并听从官方卫生部门关于预防和保护性措施的建议，如使用恰当的防护装备，学会如何正确佩戴、摘取、更换和丢弃口罩。

被确诊疫情感染，应主动配合隔离

（二）驾车出行避险技能

　　驾车出行作为人类文明的标志，彻底地改变了人类发展的历史进程，给人类以舒适和便捷等正面效应的同时也给人类生活带来一些负面效应，交通事故就是其中最严重、危害最大的负面效应之一。目前，我国的道路交通事故一直处于上升的趋势，每年交通事故死亡人数居于世界首位。因此，我们要学习一些驾车出行避险技能，做到"平平安安出行，安安全全回家"。

（1）道路交通中容易产生的危险

司机不容易看见行人，如视线和光线不好、行人突然出现、车辆存在视野盲区。行人不容易看见车辆，不容易看清后方来车、车辆转弯时的内轮差、行人玩手机、打电话或者追逐打闹。

道路基础设施和车辆自身问题造成的危险，包括道路标线不清、信号灯出现问题，导致司机或行人容易闯红灯。车辆出现刹车失灵或其他问题时，司机可能无法控制车辆速度或方向。

（2）日常出行避险技能

有儿童和私家车的家庭，应从儿童出生开始在车内给儿童配备安全座椅，直到儿童长高到可以使用车内原配安全带为止。家庭成员骑摩托车、电动自行车和自行车时要准备安全头盔。

要记住交通安全规则：步行安全三步骤：一停/慢、二看、三通过。驾驶或乘坐汽车时，系好安全带或使用儿童安全座椅。驾驶或乘坐摩托车、电动自行车或自行车时，佩戴好安全头盔。电动自行车和自行车均不要驶入机动车道。驾驶自行车必须年满12岁，驾驶电动自行车必须年满16岁。

驾驶电动自行车必须年满16岁

发生交通事故时，首先在保证生命安全的情况下排除发生火灾的一切诱因，熄灭发动机、关闭电源、禁止吸烟、搬开车上的易燃物品并尽可能防止燃油泄漏。必须在第一时间内亮起车辆的危险警告灯，并在车后设置三角警示标志，防止后车追尾。当心危险物品，慎防危险性液体、尘埃及气体积聚。如果车祸引发火情，火势不大可自行扑灭，若火势较大要尽快撤离。如果有人受伤，切勿移动伤者，除非伤者面临危险（如着火、有毒物体渗漏）。不可给伤者喂任何食物或饮料。如果有会护理伤者的专业人员在场，必要时可采取心肺复苏术、人工呼吸或其他方法为救援争取时间。拨打交通事故报警电话122，说明事故的发生地点、时间、车型、车牌号码、事故起因、有无发生火灾或爆炸、有无人员伤亡、是否已造成交通堵塞等。

安全礼让行车

（三）现场急救技能

　　灾害事故有时会造成伤员有的流血不止，有的突然没了心跳和呼吸……而此时，医护人员可能还没有赶到现场，如果我们能够掌握一些基本的急救技术，就有可能减轻伤残，甚至挽救生命。现场急救是救命的第一招。这里介绍一些基本的急救方法。

（1）止血的方法

现场止血的方法常用的有四种，即指压止血法、包扎止血法、加垫屈肢止血法和止血带止血法。使用时根据创伤情况，可以使用一种，也可以将几种止血方法结合一起应用，以达到快速、有效、安全止血的目的。

指压止血法是指较大的动脉出血后，用拇指压住出血的血管上方（近心端），使血管被压闭住，中断血液。如果手头一时无包扎材料和止血带，或运送途中放松止血带的间隔时间，可用此法。此方法简便，能迅速有效地达到止血目的，缺点是止血不易持久。

面部、颞部压迫止血

包扎止血法一般适用于无明显动脉性出血的情况。小创口出血，有条件时先用生理盐水冲洗局部，再用消毒纱布覆盖创口，以绷带或三角巾包扎。无条件时可用冷开水冲洗，再用干净毛巾或其他软质布料覆盖包扎。如果创口较大而出血较多时，要加压包扎止血。包扎的压力应适度，以达到止血而又不影响肢体远端血运为度。严禁用泥土、面粉等不洁物撒在伤口上，造成伤口进一步污染，给下一步清创带来困难。

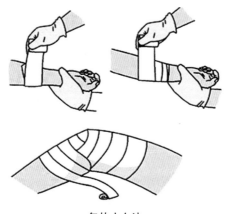

包扎止血法

加垫屈肢止血法是适用于前臂和小腿部位的临时止血措施。可于肘、膝关节屈侧加垫，屈曲关节，用绷带将肢体紧紧地缚于屈曲的位置。

止血带止血法用于较大的肢体动脉出血，且为运送伤员方便起见，应用止血带。先在用止血带的部位放一块布料和纸做的垫子，然后用三角巾叠成带状，或用手帕、宽布条、毛巾等方便材料绕肢体1～2圈勒紧打一活结，再用笔杆或小木棒插入带状的外圈内，提起小木棒绞紧，将绞紧后的小木棒插入活结的环中。上止血带后每半小时到一小时放松一次，放松3～5分钟后再扎上，放松止血带时可暂用手指压迫止血。上止血带后，应做出明显标记，记录上止血带时间，并争取在1～2小时内送到医院。

（2）心肺复苏及其步骤

当被救者心跳、呼吸停止时采取的急救措施叫作心肺复苏，包括人工呼吸和胸外心脏按压。判断被救者刚刚停止心跳和呼吸后，就必须立即在现场进行心肺复苏。只有恢复其心跳和呼吸，才能挽救生命。心肺复苏的主要做法是：

打开气道，进行口对口人工呼吸。操作前必须先清除病人呼吸道内异物、分泌物或呕吐物，使其仰卧在质地硬的平面上，将其头后仰。抢救者一只手使病人下颌向后上方抬起，另一只手捏紧其鼻孔，深吸一口气，缓慢向病人口中吹入。吹气后，口唇离开，松开捏鼻子的手，使气体呼出。观察伤者的胸部有无起伏，如果吹气时胸部抬起，说明气道畅通，口对口吹气的操作是有效的。

施行胸外心脏按压。让病人仰卧在硬板床或地上，头低足略高，抢救者站立或跪在病人右侧，一手掌根放在病人胸骨中、下的1/3处，另一手手掌压在定位手手背上，指指交叉，肘关节伸直，手臂与病人胸骨垂直，有节奏地按压。按压深度成人为4～5厘米，每分钟100～120次。每次按压后保证胸廓弹性复位，按下的时间与松开的时间基本相同。

人工呼吸和胸外心脏按压要按照2:30的比例进行，即每进行2次人工呼吸，接着进行30次胸外心脏按压，中断时间不应超过10秒。

如果现场仅有一人施救，那么施救时既要做人工呼吸，

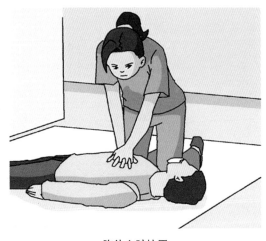

胸外心脏按压

又要做胸外心脏按压。如果现场除伤者外，有两人或两人以上，那么最好一人施行人工呼吸，另一人做胸外心脏按压，每2分钟完成5个周期的胸外心脏按压和人工呼吸（每个周期30次心脏按压和2次人工呼吸）后交换胸外心脏按压者，防止按压者疲劳，以保证按压效率。

（四）　其他应急通用技能

应急通用技能就是应对各种灾害采取的具有共性的应急处置方法，也是每个人面对灾害应具备的、最重要的、最基本的能力和才干。要切实做到头脑清醒，沉着冷静，处置果断。

（1）必备的自救技能

如果被地震等自然灾害被埋压在废墟下，信心是力量的源泉。坚定生存的信心，是自救过程中创造奇迹的强大动力。要尽快稳定自己的情绪，沉着冷静，千方百计保护好自己，积极实施自救。

扩大生存空间，确保呼吸畅通，这是自救的第一步；否则即使没有被砸伤，也容易因窒息而死亡。如果受伤，要尽快想办法止血，避免流血过多。要弄清楚自己所处的环境，尽量扩大生存空间。要用湿毛巾、衣物等捂住口、鼻，避免灰尘呛闷导致窒息及有害气体中毒。要在安全的前提下，逃离灾害现场。如果暂时不能脱险，应尽量减少活动量，保存体力。要坚信生命的力量，因为多坚持一会儿，就有可能多一分生存机会，获救的可能性就越大。

扩大生存空间

(2)任何紧急情况的应急技能

遇到任何紧急情况，请立即关闭水、电、燃气的总阀，熄灭所有明火（如火花或烟头）。拧紧水管总阀门、关闭家庭电阀箱的电源总阀、将燃气阀门掰至关闭处（该阀门一般会在家中热水器或是燃气炉处）。

关闭水、电、燃气的总阀，可以有效控制灾害

(3)灾后应如何使用电话

灾害后，很多人可能正急着打电话求救，为减少灾害后通信网络的负担，除非需要紧急救助，否则不要轻易打电话；可使用短信和微信联络家人和紧急联系人；可以通过广播和电视了解最新消息。

应急避险常用信息

- 急救电话
- 应急设施及标志
- 安全标志和安全色

应急常用信息是为公众应对突发性灾害和紧急事件提供的应急信息服务，主要包括紧急报警电话、应急设施标识、应急设备标识、危险警示标识等。这些应急信息标志提醒人们预防危险，从而避免事故发生，在关键时刻发挥着引导指示的重要作用。我们要看懂这些标识，在紧急情况下善于利用这些信息资源，从而有效保护自己。

（一）急救电话

紧急救援电话是指在紧急时，使用的求救电话，它可以在我们遇到突发情况和有困难时得到专业人员的救援与帮助。所以，不仅要记住急救电话，还要正确拨打急救电话。

拨打急救电话时，切勿惊慌，保持镇静，声音洪亮，吐字清晰，语言简洁明了，交代清楚地址及附近标志物、联系电话，说清患者人数、主要症状及伤情，保证对方完全了解所需信息。要保持电话畅通，随时能够接听求救电话。

110——报警

119——火警

120——急救

122——交通事故报警

114/12580——电话导航平台

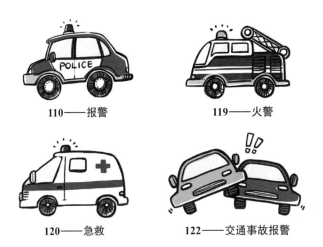

110——报警　　　　119——火警

120——急救　　　　122——交通事故报警

12117——报时台

12119——全国森林防火报警

12121/96121——天气预报

12122——全国高速公路救援

需要注意的是，灾害发生时，可能会暂时打不通以上电话，因打的人太多了，造成线路拥堵，建议多打几次就好了。同时保持自己的电话畅通，以备紧急之需。

 应急设施及标志

（1）应急设施

应急避难场所是用于民众躲避火灾、爆炸、洪水、地震、疫情等重大突发公共事件的安全避难场所。一般来说，是可供应急避难或临时搭建帐篷和临时服务设施的空旷场地，通常位于社区广场、社区服务中心、公园、绿地、体育场等公共服务设施内。学校一般也会作为应急避难场所。

应急避难场所的设施一般包括应急避难休息、应急医疗救护、应急物资分发、应急管理、应急厕所、应急垃圾收集、应急供电、应急供水等各功能区和设施。

● 应急避难休息区：具有一定面积的平坦场地，可搭建帐篷和临时服务设施。

● 应急医疗救护区：用于对受伤人员的清理包扎、注射配药、等待转运等简单医疗救护活动。

● 应急物资分发区：存放、分发救灾物资的区域，救灾物资主要有饮食、饮用水、被褥及简单日用品等。

● 避难场地应急管理区：以现场应急指挥调度为主，确保现场各项救灾工作的有序开展。

应急避难场所功能区分布图

● 各类设施：应急厕所、应急垃圾收集、应急供电、应急供水、应急广播和通信系统、消防设施等。

（2）应急标志

为了让人们了解应急避难场所及其内部设施的位置，便于人们识别和寻找，在应急避难场所以及相关的应急设施、设备和周边道路都设置了明显的应急指示标识。我们要学会看懂应急标志，一旦发生灾害事故，可及时到应急避难场所避难和寻求帮助。

○ 应急避险场所　　○ 应急厕所　　○ 应急供电

○ 应急供水　　○ 应急灭火器　　○ 应急物资供应

○ 应急医疗救护　　○ 应急篷宿区　　○ 应急垃圾存放

○ 应急停机坪　　○ 应急停车场　　○ 应急水井

（三）安全标志和安全色

国家标准 GB/T 2893.5—2020《图形符号 安全色和安全标志 第5部分：安全标志使用原则与要求》，规定了在实际使用中选取、组合和设置安全标志的原则和要求，适用于除私人住宅之外的公共场所、工作场所或公共建筑中使用的安全标志。

安全标志和安全色是在作业现场中，最基本的元素，是员工应掌握的最基础的安全知识。当危险发生时能够指示人们尽快逃离或者指示人们采取正确、有效、得力的措施对危害加以遏制。

安全色即"传递安全信息含义的颜色"，包括红、黄、蓝、绿四种。安全标志中，安全色传达着特定的意义，具体内容来了解一下吧。

红色
就是
千万不能这么干

禁止标志是禁止人们不安全行为的图形标志。禁止标志的几何图形是带斜杠的圆环，其中圆环与斜杠相连，用红色；图形符号用黑色，背景用白色。

安全色　红色

红色

传递禁止、停止、危险或提示
消防设备、设施的信息。

（1）常见禁止标志

禁止吸烟	禁止烟火	禁止带火种	禁止用水灭火
禁止放置易燃物	禁止堆放	禁止启动	禁止合闸
禁止转动	禁止叉车和厂内机动车辆通行	禁止乘人	禁止靠近
禁止入内	禁止推动	禁止停留	禁止通行
禁止跨越	禁止攀登	禁止跳下	禁止伸出窗外
禁止倚靠	禁止坐卧	禁止蹬踏	禁止触摸
禁止伸入	禁止饮用	禁止抛物	禁止戴手套
禁止穿化纤服装	禁止穿带钉鞋	禁止开启无线移动通讯设备	禁止携带金属物或手表

禁止佩戴心脏起搏器者靠近	禁止植入金属材料者靠近	禁止游泳	禁止滑冰
禁止携带武器及仿真武器	禁止携带托运易燃及易爆物品	禁止携带托运有毒物品有害液体	禁止携带托运放射性及磁性物品

　　警告标志是提醒人们对周围环境引起注意，以避免可能发生危险的图形标志。警告标志的几何图形是黑色的正三角形、黑色符号和黄色背景。

黄色
就是
小心点，不然容易出事！

安全色　黄色

黄色

传递注意、警告的信息
黄

（2）常见警告标志

注意安全　　当心火灾　　当心爆炸　　当心腐蚀

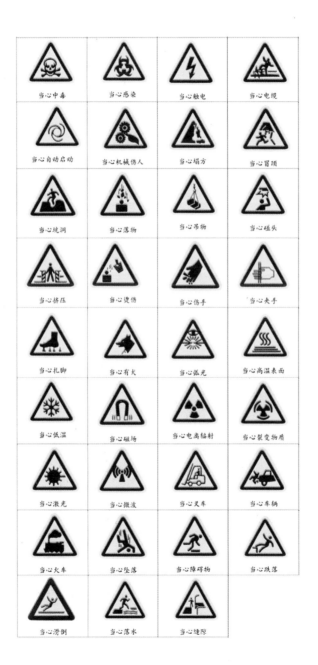

当心中毒	当心感染	当心触电	当心电缆
当心自动启动	当心机械伤人	当心塌方	当心冒顶
当心坑洞	当心落物	当心吊物	当心碰头
当心挤压	当心烫伤	当心伤手	当心夹手
当心扎脚	当心有犬	当心弧光	当心高温表面
当心低温	当心磁场	当心电离辐射	当心裂变物质
当心激光	当心微波	当心叉车	当心车辆
当心火车	当心坠落	当心障碍物	当心跌落
当心滑倒	当心落水	当心缝隙	

指令标志是强制人们必须做出某种动作或采取防范措施的图形标志。指令标志的几何图形是圆形，蓝色背景，白色图形符号。

蓝色

传递必须遵守规定的指令性信息

（3）常见指令标志

提示标志是向人们提供某种信息（如标明安全设施或场所等）的图形标志。提示标志的几何图形是方形，绿色背景，白色图形符号及文字。

（4）常见提示标志

(5)安全警示标志设置规范

①安全标志应设置在与安全有关的明显地方，并保证人们有足够的时间注意其标示的内容。

②设立于某一特定位置的安全标志应被牢固地安装，保证其自身不会产生危险，所有的标志均应具有坚实的结构。

③当安全标志被置于墙壁或其他现存的结构上时，背景色应与标志上的主色形成对比色。

④对于所显示的信息已经无用的安全标志，应立即由设置处卸下。

⑤为有效地发挥标志的作用，应对其定期检查，定期清洗，发现有变形、损坏、变色、图形符号脱落或亮度老化等情况，应及时更换。